Daniel Fedders

Moderne Produktions- und Entwicklungsstrukturen in der Automobilindustrie. Darstellung der Know-How-Verschiebung und Auswirkungen auf den Kfz-Service

GRIN Verlag

Bibliografische Information der Deutschen Nationalbibliothek:

Die Deutsche Bibliothek verzeichnet diese Publikation in der Deutschen National-
bibliografie; detaillierte bibliografische Daten sind im Internet über http://dnb.d-
nb.de/ abrufbar.

Impressum:

Copyright © 2008 GRIN Verlag, Open Publishing GmbH
Druck und Bindung: Books on Demand GmbH, Norderstedt Germany
ISBN: 978-3-656-89932-7

Dieses Buch bei GRIN:

http://www.grin.com/de/e-book/181700/moderne-produktions-und-entwicklungs-
strukturen-in-der-automobilindustrie

GRIN - Your knowledge has value

Der GRIN Verlag publiziert seit 1998 wissenschaftliche Arbeiten von Studenten, Hochschullehrern und anderen Akademikern als eBook und gedrucktes Buch. Die Verlagswebsite www.grin.com ist die ideale Plattform zur Veröffentlichung von Hausarbeiten, Abschlussarbeiten, wissenschaftlichen Aufsätzen, Dissertationen und Fachbüchern.

Besuchen Sie uns im Internet:

http://www.grin.com/

http://www.facebook.com/grincom

http://www.twitter.com/grin_com

Veranstaltung:

Reparatur- und Bewertungskonzepte zur Wiederherstellung der Funktionsfähigkeit von

Anlagen und Systemen

SD 07

Thema der Ausarbeitung:

„Moderne Produktions- und Entwicklungsstrukturen in der Automobilindustrie –

Darstellung der Know-How-Verschiebung und Auswirkungen auf den Kfz-Service. "

Semester: WiSe 2007 / 2008

Verfasser: Daniel Fedders

Inhaltsverzeichnis

1 Einleitung

Die ökonomische und technologische Leistungsfähigkeit von Staaten, Gesellschaften und Volkswirtschaften wird oft mit den Kompetenzen im Bereich des Automobilbaus als Indikator beschrieben. Vor allem für die Bundesrepublik Deutschland sind unmittelbare und indirekte Abhängigkeiten wirtschaftlicher Prosperität und ökonomischen Wachstums mit der Automobilindustrie zu betrachten.[1] So konnte für das Jahr 1995 „die Größenordnung der durch die Automobilproduktion im engeren Sinne induzierten Arbeitsplatzbindung [.] auf 1,6 Millionen Erwerbstätige [...]" veranschlagt werden.[2]

Hinzu kommt die enge Verknüpfung von Forschungsleistung auf verschiedensten Gebieten und deren Umsetzung im Automobilbau. Innovation wird hierbei von unterschiedlichen Akteuren gefordert und gefördert.

Es ergibt sich ein stetiger Wandlungs- und Adaptionsprozess in der Automobilentwicklung und in den Produktionsprozessen. Darüber hinaus werden nachgelagerte Dienstleistungsprozesse, wie die Wartung und Instandsetzung der Kraftfahrzeuge von eben jenen oben aufgeführten Prozessen beeinflusst bzw. zu entsprechenden Reaktionen angehalten.

Die vorliegende Arbeit beschreibt nach der Betrachtung der wichtigsten Einflussgrößen auf das Agieren der Automobilhersteller im Bereich der Produktion und Entwicklung die Trends in der Fahrzeugherstellung. Hierzu zählen neben verschiedenen Prinzipien der Arbeitsteilung auch die mittlerweile für die Automobilindustrie obligatorischen Zulieferstrukturen, aus denen sich für die Beteiligten Vor- und Nachteile ergeben.

Darauf folgend werden die Konzepte der Modularisierung bzw. „modular sourcing" sowie der Gleichteilestrategie als herausragende Trends in der Automobilproduktion näher betrachtet.

Die Bedeutung dieser Veränderungen für die Reparatur- und Servicekonzepte der Werkstätten wird im letzten Abschnitt aufgegriffen.

---

[1] Vgl. Filip-Koehn, 1998, S.2

[2] Siehe ebenda

2 Anforderungen an die Automobilhersteller

In diesem Abschnitt sollen drei hervorstechende Einflussgrößen dargestellt werden, die die Automobilhersteller zu entsprechenden Reaktionen, unter anderem im Bereich der Entwicklung und Produktion ihrer Produkte zwingen. Aspekte der Personalpolitik oder der Kundenbezug sind zwar als weitere Felder des Agierens dieser Unternehmen zu betrachten, sollen jedoch mit Hinblick auf den Schwerpunkt dieser Arbeit nicht näher betrachtet werden. Diese sind zum einen die veränderten Marktstrukturen und zum anderen die sich fortentwickelnden Technologien mit den daraus resultierenden veränderten Produktions- und Entwicklungsprozessen.

2.1 Der veränderte Markt

Die Automobilindustrie Deutschlands sieht sich neben den europäischen Konkurrenten verschiedenen marktbezogenen Prozessen gegenüber, die ein entsprechendes Einlenken im Sinne wirtschaftlichen Bestehens oder auch Wachstums fordern. So ist auf dem Heimatmarkt eine zunehmende Sättigung bezüglich deutscher Fabrikate zu erkennen.[3] Die hohe Markttransparenz und zunehmende Bedeutung von Produkten aus vor 10 Jahren noch als Schwellenländern bezeichneten Nationen ergänzen die Ursachen hierfür.

Verkaufsargumente wie das Zertifikat „Made in Germany" oder technologische Innovationen in Kraftfahrzeugen aus Deutschland wird in vielen Bereichen durch andere Attribute – allen voran das der Kosten - im Produktionsprozess der Konkurrenten und ein verändertes Nachfrageverhalten der Konsumenten in Frage gestellt.

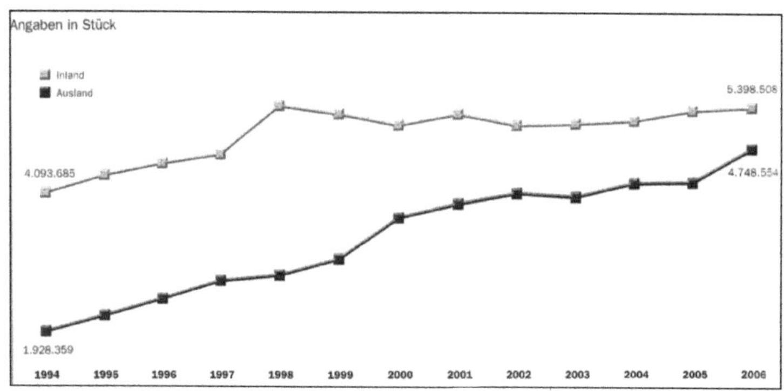

Abbildung 1: Deutsche Pkw-Produktion im In- und Ausland[4]

---

[3] Vgl. Eicke v.; Femering, 1991, S.1 oder Beger, 1998, S.31

[4] Quelle: Motor-Presse-Stuttgart; 2007; S.244 nach: VDA- Statistiken

Dennoch ist in der Pkw-Produktion eine stetige Steigerung zu beobachten (Abbildung 1).
Die Steigerung der Pkw Produktionen ist jedoch mit dem bitteren Beigeschmack mindestens
zweier Parallelentwicklungen verbunden. Zum einen geht dieser Prozess mit einer
Auslagerung der Produktion ins Ausland einher. Hier nähern sich die Zahlen von im Inland
und im Ausland produzierter Pkw tendentiell an.

Zudem ist diese Entwicklung mit einer Steigerung der Produktivität bei den Herstellern
verbunden, welche letztlich auch durch erhöhte Rationalisierungsmaßnahmen erreicht wird
(vgl. Abbildung 2).

	2006	2007 *)	Veränd. in %
Umsatz (in Mio. Euro)	270.506	290.000	7,2
Inlandsumsatz (ohne MwSt.)	102.737	105.905	3,1
Auslandsumsatz	167.769	184.095	9,7
Beschäftigte (Jahresdurchschnitt)	750.206	744.550	-0,8

Abbildung 2: Die deutsche "Automobilindustrie insgesamt"[5]

Rationalisierungsmaßnahmen erscheinen jedoch nicht als alleiniger Ausweg aus der
Produktivitätsfalle. Um am Markt schritthalten zu können, erschließen die
Automobilhersteller neue Wege in der Produktion und der Entwicklung, welche neben der
Rationalisierung beispielsweise in Form der Automatisierung oder lohnbedingter
Verlagerung in das Ausland auch unternehmensübergreifende Arbeitsteilung respektive
moderner Produktionsformen mit einbezieht.

2.2 Die veränderten Technologien

Die technologischen Möglichkeiten aus verschiedensten Bereichen finden in modernen
Kraftfahrzeugen auf engstem Raum Verwendung. Die Kunden stellen erhöhte Anforderungen
in den Bereichen Sicherheit, Komfort und Umweltfreundlichkeit. Gleichzeitig dürfen die
Betriebs- und Wartungskosten trotz höherer Komplexität und Anzahl der verbauten Systeme
möglichst nicht steigen, im günstigen Fall sollen sie sogar sinken.

Zudem ist der Wunsch nach individueller Bedürfnisbefriedigung nach wie vor ein zentrales
Anliegen der Endverbraucher. Die Ausstattungs- und Typenvielfalt stieg allein in den 1980er

---

[5] Quelle: VDA Homepage: http://www.vda.de/de/aktuell/statistik/jahreszahlen/allgemeines/index.html

Jahren um 400%.[6] Hinzu kommt der Druck auf die Hersteller, die Produktionszyklen ihrer Fahrzeuge weiter zu verkürzen, um mit neuen Designs und Technologien ihre Wettbewerbsposition behaupten zu können. Ein weiterer Trend ist die steigende Zahl von Basisbaureihen auch bei den deutschen Automobilherstellern.

„Der Erfolg ist stets abhängig davon, wer welche neuen Modelle auf den Markt bringt."[7] So stieg nach Aussage des Prognoseinstituts B&D- Forecast die Anzahl der Baureihen im deutschen Automarkt von 140 Im Jahr 1980 auf 440 im Jahr 2005. Der Trend für das Jahr 2010 wird mit über 500 Baureihen angegeben.[8] Diese Vielfalt vor dem Hintergrund der Wirtschaftlichkeit bei den Automobilherstellern umzusetzen, ist unter anderem durch die Einführung von Modularisierungs- und Gleichteilestrategien sowie durch die Verlagerung von Forschungs- und Entwicklungsarbeit an entsprechende Dienstleister möglich.

2.3 Die veränderten Produktions- und Entwicklungsprozesse

Im Produktionsprozess müssen durch den Einsatz moderner Technologien, wie beispielsweise komplexer Komfort und Sicherheitssysteme oder BUS-Strukturen in der Systemvernetzung neue Fertigungs- und Verarbeitungsmethoden umgesetzt bzw. entwickelt werden. Eine Herausforderung besteht dabei auch in der Entwicklungsarbeit. Komplexere Systeme und deren koordinierte Zusammenarbeit im Gesamtsystem des Fahrzeugs sind mit den oben angeführten kürzeren Produktionszyklen und Entwicklungskosten nur vereinbar, wenn mit Hilfe von Arbeitsteilung in Produktion und Entwicklung gearbeitet wird.

Die Adaption und Abstimmung von Teilsystemen der Fahrzeuge stellt große Herausforderungen an die Entwicklung. Die Kommunikation von Komponenten untereinander untereinander zu ermöglichen sowie die Notwendigkeit, durch geeignete Schnittstellen Zugangsmöglichkeiten für die Wartungs- und Servicearbeit zu schaffen, erweitern die Aufgaben der entsprechenden Unternehmensbereiche.

Darüber hinaus fordert die Verwendung neuer Materialien und Werkstoffe entsprechendes Know-How in der Fertigung. Hieraus ergibt sich wiederum die Forderung nach Reaktionen seitens der Automobilhersteller, denn die Verarbeitung dieses gestiegenen Know-Hows in konventioneller Form, also innerhalb des Unternehmenskerns, würde entweder zu verlängerten Entwicklungszeiten oder zu steigenden Kosten bezüglich des Personals oder

---

[6] Vgl. Eicke v.; Femering, 1991, S.3

[7] Ferdinand Dudenhöffer in: Hamburger Abendblatt 09.01.2006

[8] Vgl. Motor Presse Stuttgart; 2007; S.303

auch notwendiger technologischer Einrichtungen führen. Alternativ hierzu ist die Verlagerung des Wissens um die Entwicklung oder Verarbeitung aus dem Kernunternehmen heraus eine Vorgehensweise, die in der Automobilindustrie erkannt und auch genutzt wird.

2.4 Zwischenfazit

Aus den oben aufgeführten Veränderungen lassen sich Notwendigkeiten für Veränderungen in der Automobilproduktion ableiten. Letztlich sehen sich die Hersteller Aufgaben gegenübergestellt (vgl. Abbildung 3), denen im harten Wettbewerb mit den Strategien von Arbeitsteilungen und veränderten Fertigungs- und Produktionsabläufen begegnet wird.

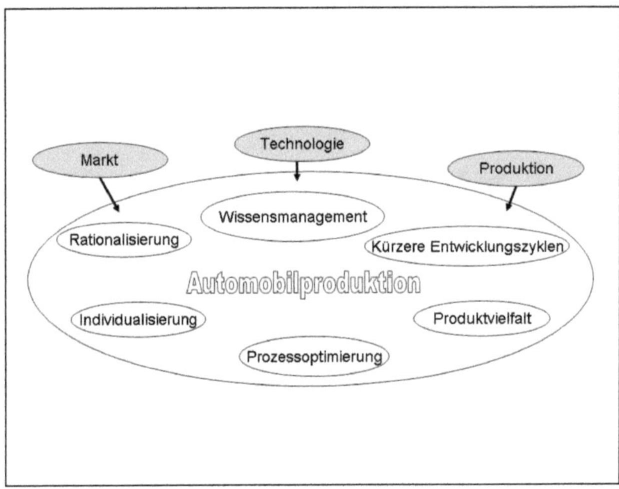

Abbildung 3: Einflussfaktoren in der Automobilproduktion

Die Automobilhersteller stehen vor der schwierigen Herausforderung, die Gleichzeitigkeit von Ökonomisierung und Flexibilisierung zu gewährleisten. Gesucht wird in diesem Dilemma nach einem Königsweg.

Die besten Möglichkeiten, um die Kosten in der Automobilindustrie zu optimieren, liegen nach einer Studie zum Kostenmanagement in diesem Sektor in der Optimierung der Fertigungs- und Beschaffungsprozesse (siehe Abbildung 4). Bei der Optimierung der Fertigungsprozesse kommen Modularisierungstendenzen zum tragen. Diese wirken sich vor allem auf die Produktionsanforderungen Rationalität, Individualisierung, Prozessoptimierung und Produktvielfalt aus. Die Modularisierung in der Fahrzeugproduktion wird im Abschnitt 5.2 dargestellt.

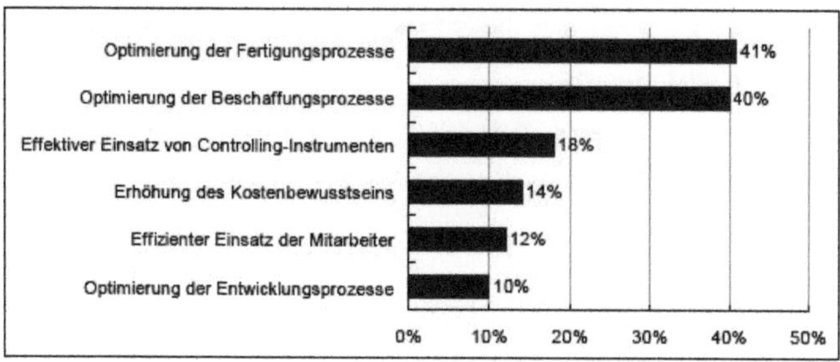

Abbildung 4: Ansatzpunkte zur Verbesserung der Kostenstruktur[9]

Mit den Beschaffungsprozessen ergibt sich ein neues Betrachtungsfeld, welches im Folgenden erläutert werden soll. Die Strategien der Automobilhersteller sind als prozessual Gemeinsames zu betrachten, in dessen Vordergrund nicht mehr die einzelfunktionsbezogene Kostensenkung an sich steht, sondern eine verbesserte Wertschöpfung und Optimierung des Gesamtprozesses verfolgt wird.

3 Prinzipien der Arbeitsteilung

3.1 Inner- und überbetriebliche Arbeitsteilung

„Arbeitsteilung liegt dann vor, wenn Arbeiten in einem Leistungsprozess auf verschiedene Träger verteilt werden."[10]

Hierbei kann zwischen der innerbetrieblichen, der überbetrieblichen und der unternehmensübergreifenden Arbeitsteilung unterschieden werden. Die innerbetriebliche Arbeitsteilung wird durch Aufgabengliederung und Arbeitszerlegung umgesetzt. Die innerbetriebliche Arbeitsteilung auf höherer Ebene ist in den betriebswirtschaftlichen Strukturen der meisten Betriebe anzufinden, wenn beispielsweise die Entwicklung und Forschung, die Beschaffung, die Produktion oder der Vertrieb von getrennten Abteilungen organisiert werden. Das Ziel hierbei ist eine Spezialisierung auf bestimmte Tätigkeiten zur Steigerung der Produktivität.

---

[9] Quelle: PCW, 2007, S.13

[10] Vgl. Eicke v.; Femering, 1991, S.5

Überbetriebliche Arbeitsteilung wird umgesetzt, indem Standortfaktoren für unterschiedliche Produktionsabläufe genutzt werden und so die Produktion auf räumlich getrennte (im Extremfall sogar global verteilte) Standorte verteilt wird.

Es ist zu betonen, dass viele Varianten dieser zwei Arbeitsteilungen in der Automobilindustrie entwickelt oder umgesetzt wurden.

Auch die unternehmensübergreifende Arbeitsteilung wird von den Automobilherstellern eingesetzt und entwickelt sich in dieser Branche kontinuierlich fort.

3.2 Die unternehmensübergreifende Arbeitsteilung

Markantes Merkmal dieser Art der Arbeitsteilung ist die Auslagerung von Arbeiten innerhalb einer Produktion in andere Unternehmen. Von zentraler Bedeutung für die Darstellung moderner Produktionsstrategien der Automobilhersteller ist dabei die vertikale Arbeitsteilung, bei der der Automobilproduzent als Endprodukthersteller von Fahrzeugen Einzelteile von vorgelagerten Produktionsstufen in anderen Unternehmen, den Zulieferern, bezieht.[11] Hieraus ergeben sich Produktionsabläufe, die mit der Verlagerung von Forschungs- und Entwicklungsleistungen und einer veränderten Fertigungstiefe seitens der Automobilhersteller verbunden sind. Welche Bedeutung dieser Prozess für die Automobilindustrie, die entsprechenden Zulieferer und den Bereich des Kfz-Service der Werkstätten bedeutet, soll in den folgenden Abschnitten betrachtet werden.

4 Verlagerung von Forschung, Entwicklung und Produktion

4.1 Der Begriff der Fertigungstiefe

Die Fertigungstiefe kann definiert werden, „als (der) Umfang an Wertschöpfung, denn ein Unternehmen [...] oder eine strategische Geschäftseinheit durch eigene Produktion im Verhältnis zu der insgesamt erforderlichen Wertschöpfung für ein Endprodukt erbringt".[12] Der Trend zur Auslagerung von Produktionen in andere Unternehmen ist zunehmend auch mit einer absinkenden Entwicklungstiefe bei den Herstellern (in Abbildung 5 als OEM , „Original Equipment Manufacturer", bezeichnet) verbunden.

---

[11] Vgl. Eicke v.; Femering, 1991, S.7

[12] Vgl. Zäpfel, 1989, S.132

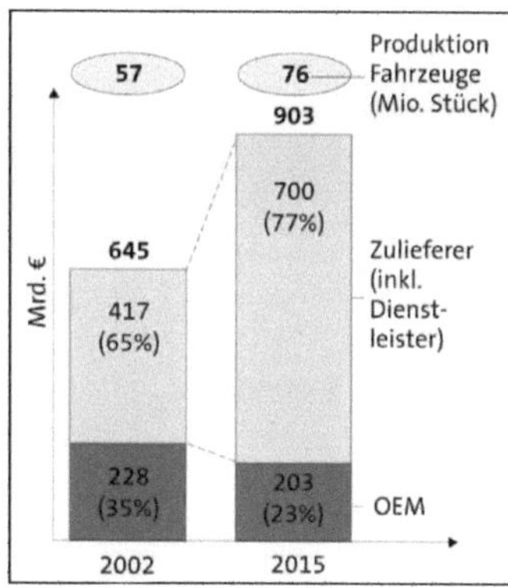

Abbildung 5: Entwicklung der Wertschöpfungsanteile 2002/2015 [13]

4.2 Zuliefererstrukturen

„Bei der Zulieferung handelt es sich um eine Form der vertikalen Integration zwischen rechtlich und wirtschaftlich selbständigen Unternehmen"[14]. Diese Definition betont den eigenständigen Charakter der Akteure in einer Zuliefererproduktion. Es ergeben sich jedoch gewisse Abhängigkeiten, die zumindest hinsichtlich der wirtschaftlichen Selbständigkeit der Zulieferer Fragen nach der realen Beziehung und Abhängigkeit zwischen Zulieferern und Automobilherstellern aufkommen lassen. Zudem besteht die Zusammenarbeit nicht mehr nur ausschließlich im Produktionsbereich. Vielmehr können sowohl Produktions- als auch Entwicklungskooperationen in der Automobilherstellung beobachtet werden.[15]

Bei der Zulieferung kann zwischen unmittelbaren und mittelbaren Zulieferern unterschieden werden. Bezogen auf ein Produktionsprogramm in einem Teilbereich des Herstellungsprozesses wird zwischen primären (1st tier supplier), sekundären (2nd tier supplier) und tertiären Zulieferern (3rd tier supplier) gesprochen.

---

[13] Quelle: http://www.automobil-produktion.de/themen/02886/index.php nach der Studie FAST (Future Automotive Industry Structure) von Mercer/ Fraunhofer

[14] Eicke v.; Femering, 1991, S.7 nach: Halbach, 1990, Sp.2354

[15] Vgl. Frank; Zimmermann; 1998; S.35

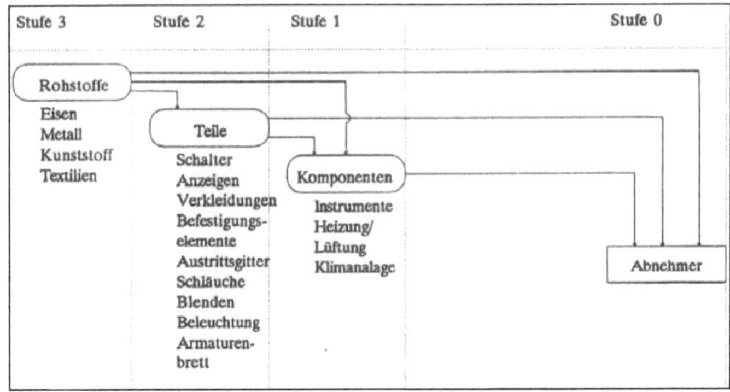

Abbildung 6: Traditionelle Zuliefererkette am Beispiel Armaturentafel[16]

Neben einstufigen Zuliefererketten können auch mehrstufige Formen umgesetzt werden. Bei der traditionellen Zuliefererkette (siehe Abbildung 6) fließen Rohstoffe und Teile vorgelagerter Zulieferer der Stufen 2 bis n entweder direkt zum Hauptabnehmer oder aber zum Primärlieferanten, welcher dann komplette Komponenten an den Automobilhersteller liefert. Bezüglich des notwendigen Know-Hows wird an diesem traditionellen Modell deutlich, dass sowohl die Lieferanten als auch der Automobilhersteller über Verarbeitungs- und Prozesswissen in den Bereichen Rohstoffverarbeitung und Teileverbau bzw. -konstruktion benötigen.

Daneben können auch Produktionsprogramme umgesetzt werden, bei denen der Automobilhersteller nur vom erstrangigen Direkt- oder Systemlieferanten Produkte bezieht, ohne in ein direktes Lieferantenverhältnis mit dessen vorgelagerten Zulieferern zu treten (vergleiche Abbildung 7).

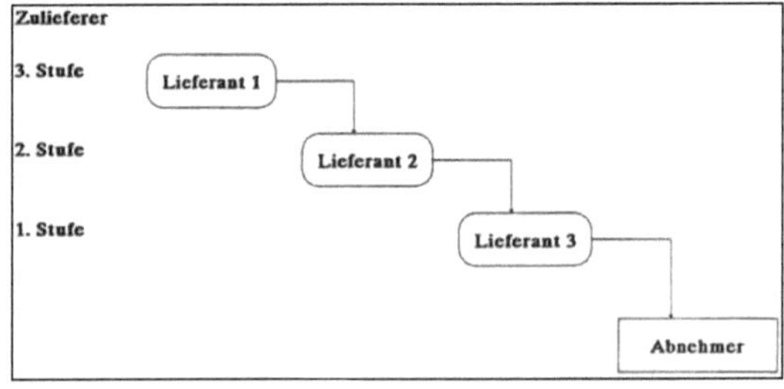

Abbildung 7: Kaskadenförmige Zuliefererketten[17]

---

[16] Quelle: Eicke v.; Femering, 1991, S.22

[17] Quelle: Eicke v.; Femering, 1991, S.23

Bei der kaskadenförmigen Zuliefererkette wird ein Merkmal heutiger Produktions- und Entwicklungsprozesse angedeutet. Letztlich ist der Abnehmer nicht mehr gezwungen, über das Prozesswissen für die Entwicklung und Herstellung einer Fahrzeugkomponente zu verfügen. Dennoch ist der Umfang dieses Know-How beim Automobilhersteller im Grundsatz noch davon abhängig, wie stark er die Aufträge technologisch oder auch bezüglich des Designs vordefinieren möchte.

Um dem wachsenden Kostendruck und der großen Bandbreite an Technologie und Know-How, hohen Vorabinvestitionen und Ressourcenverteilungen ohne die Sicherheit schneller Rückflüsse und schneller Amortisation standhalten zu können, kommen etwa seit Beginn der neunziger Jahre Strategien des Lean Management verstärkt zum Einsatz.[18]

Dabei spielen vor allem die Reduzierung der Fertigungstiefe, die auf die Reduzierung der Komplexität der Aufgabenstellung zielt, und die Reduzierung der Zahl der Zulieferer (und speziell der direkten Zulieferer) eine große Rolle.[19] Vertikale Entflechtungen des Herstellers mit einer Umstrukturierung der Lieferantenbeziehungen sind die Folge.

Single und modular sourcing sind dabei verbreitete Strategiebegriffe. Aus den einstmals kaskadenförmigen Beziehungsgeflechten leitet sich aus der Kombination von Einquellenbelieferung und Modular Sourcing eine pyramidenförmige Zulieferstruktur ab. Der Zulieferer wird dabei in diesem aktuellen Prozess direkt in die Forschungs- und Entwicklungsprozesse des Herstellers integriert, wobei er die Systemverantwortung übernimmt und seinerseits Sublieferanten unter sich anordnet.

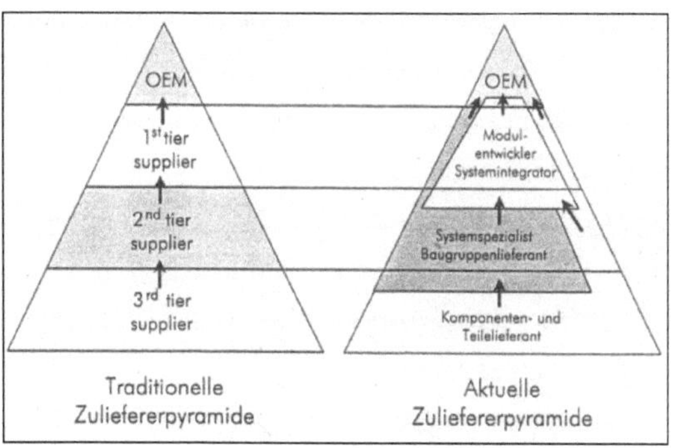

Abbildung 8: Aufbau und Neugestaltung der Zuliefererpyramide[20]

---

[18] Vgl. Heftrich; 2000; S.59 nach Snowdon; 1991; S. 134

[19] Vgl. Heftrich; 2000; S.59 nach Eicke v.; Femering, 1991b

[20] Quelle: Becker; Spöttl; 1999; S.45 nach: Beinke; 1997; S.61

4.3 Vor- und Nachteile des Outsourcingprozesses

4.3.1 Die Automobilhersteller

Die durch den Fremdbezug von Zulieferern reduzierte Fertigungs- und Entwicklungstiefe bei den Automobilherstellern ist mit einem parallelen Ausbau der logistischen und organisatorischen Planungs- und Steuerungsvorgänge bei den Herstellern verbunden. Vor allem die flexiblen „Just-in-time"- Lieferbeziehungen erfordern entsprechende Maßnahmen in der Disposition, um die Produktion wirtschaftlich gestalten zu können.

Diese Strategie zeichnet sich durch eine engere Anbindung der Lieferanten an das Unternehmen aus, da die die Beschaffung produktionssynchron erfolgt. Sie gilt als Reaktion der Hersteller auf steigende Anforderungen an Liefergenauigkeit und Lieferzuverlässigkeit und die steigenden Risiken aufgrund immer kürzer werdender Produktlebenszyklen und steigender Variantenvielfalt.

Der Einsatz von Just-in-time führt zu einer Verringerung der Kapitalbindungs- und sonstigen Lagerkostenbestandteilen. Eine Just-in-time-Lieferung wird vor allen Dingen für Komponenten oder Bauteile angestrebt, die einen hohen Verbrauch, einen hohen Wert oder ein hohes Volumen haben. Ferner müssen die Teile bezüglich der Qualitätssicherungsanforderungen für einen derartigen Bereitstellungsweg geeignet sein. Voraussetzung zur Anwendung dieser Strategie ist eine enge Informationskopplung zwischen Lieferant und Hersteller. Ein hoher Servicegrad des Lieferanten ist hier notwendig. Er muss über eine hohe Anlieferpräzision und ein hohes Logistik-Know-how verfügen.

In diesem Bereich ergibt sich jedoch das Problem, dass bei Ausfall auch nur eines Gliedes in der Lieferantenkette aufgrund mangelnder Lagervorhaltung Engpässe oder gar Ausfälle drohen. Die Abhängigkeit der Automobilhersteller von den Zulieferern erscheint noch größer, wenn man die Verlegung von Forschungs- und Entwicklungsarbeit an die Zulieferer miteinbezieht. Ein kurzfristiger Wechsel des Lieferanten erscheint somit erschwert.

Dennoch erscheint diese Verlagerung seitens der Automobilhersteller sinnvoll, da auf diesem Wege auch Forschungs- und Entwicklungskosten abgegeben werden. Fehlschläge in der Entwicklung müssen vielfach von den Zulieferern getragen werden, bis ein funktionsfähiges und den Anforderungen des Abnehmers entsprechendes Produkt geliefert werden kann.

Die Spezialisierung der Zulieferer auf bestimmte Bereiche (z.B. Werkstoffbearbeitung oder EDV) sichern einen Grad an Qualität, den die Hersteller in einer internen Produktion und Entwicklung angesichts der zunehmenden Komplexität der Fahrzeuge und dem entsprechenden Umfang an Know-How sicherlich nur erschwert und wenig wirtschaftlich leisten könnten.

4.3.2 Die Zulieferer

Analog zu den Vor- und Nachteilen der Auslagerung von Produktions-, Forschungs- und Entwicklungsleistung bei den Automobilherstellern, sind auch die Zulieferer diesbezüglich zu betrachten.

Die Zulieferindustrie erhöht stetig ihren Wertschöpfungsanteil an der Automobilproduktion. Die Aufgaben wachsen mit der technologischen Weiterentwicklung von Fahrzeugen und der Bereitschaft bzw. Notwendigkeit seitens der Automobilhersteller, entsprechende Bereiche der Produktion auszugliedern und an andere Unternehmen abzugeben. So entwickelte sich der Umsatz in der Zulieferindustrie von 30,9 Milliarden Euro im Jahr 1995 auf geschätzte 72,2 Milliarden Euro im Jahr 2006.[21] Es hat sich ein Wirtschaftszweig entwickelt, der es Unternehmen ermöglicht, letztlich durch Auftragsarbeiten am Markt zu bestehen. Gleichzeitig sind jedoch auch Tendenzen zu beobachten, die auch in anderen Wirtschafts- und Industriebereichen zu Diskussionen führen. Während die Umsatzzahlen stiegen, sanken die Beschäftigtenzahlen in der Zulieferindustrie ab dem Jahr 2004 um knapp 8000 Stellen.[22] Auch hier sind Rationalisierungsmaßnahmen notwendig, um am globalen Markt bestehen zu können. Gründe dafür sind beispielsweise die steigenden Rohstoffpreise sowie der Preiskampf der Hersteller im Neuwagensegment. Um wirtschaftlich zu sein, müssen die Zulieferer umstrukturieren. Am Beispiel des Zulieferers Bosch wird eine Möglichkeit für solch ein Handeln deutlich. Die Verlagerung von Montagearbeiten in Nachbarländer mit niedrigerem Lohnniveau wird als Option angesehen. Der Forschungsbereich hingegen soll weiterhin in der Bundesrepublik angesiedelt sein.[23]

Daneben kann zwischen den Zulieferern und Herstellern und daraus folgend auch innerhalb der Lieferantenstrukturen auch ein bestimmtes Maß an Misstrauen und Hierarchie beobachtet werden[24]. Durch die Zulieferer erschlossenes technologisches Wissen wird nur begrenzt an die Abnehmer weitergegeben. Die Zulieferer sichern auf diesem Weg ihre Marktposition gegenüber Konkurrenten.

Die Abhängigkeit von den Aufträgen der Automobilhersteller oder nachgeordneten Lieferanten bleibt besonders bei hoch spezialisierten Zulieferbetrieben ein großes Manko dieser Produktionsstrukturen.

---

[21] Motor Presse Stuttgart; 2007; S.253 nach: VDA Statistik

[22] Motor Presse Stuttgart; 2007; S.253 nach: VDA Statistik

[23] Vgl. Spiegel Online, 2005

[24] Beger; 1998; S.30

Die Zusammenarbeit in der Planung und Produktion von Fahrzeugkomponenten in Prozessen wie „simultaneous engineering" birgt im Gegenzug Vorteile für beide Seiten. Das Ziel des simultaneous engineering besteht darin, immer mehr Arbeitsschritte parallel durchzuführen, anstatt sie sequentiell abzuarbeiten. Eine derartige Prozesskoordination hat erheblichen Einfluss auf die Prozessgeschwindigkeit und die Qualität der dort betriebenen Wertschöpfung. Durch Arbeitsteilung wird eine Koordination der einzelnen Teilleistungen erforderlich. Dies gestaltet sich umso schwieriger, je weniger standardisierte Tätigkeiten gefordert, je komplexer der Prozess und je größer die Zahl der involvierten Unternehmen und Mitarbeiter ist. Im Zusammenhang mit der in Abschnitt 5.2 beschriebenen Modularisierung ergibt sich somit die Möglichkeit, eben durch entsprechende Koordination parallele Arbeiten in der Entwicklungsphase durchzuführen.

Diesem Gedanken trägt die Einrichtung entsprechender Entwicklungszentren, wie dem Forschungs- und Innovationszentrum (FIZ) von BMW Rechnung.

Der Vorteil dieser Einrichtung liegt für den Automobilhersteller unter anderem

- in der räumlichen Nähe der Prozesspartner,
- dem damit verbundenen Druck für Problemlösungen bei konkurrierenden Zielen,
- die Möglichkeit von Denkanstößen durch organisierte Kontakte oder auch Zufallsbegegnungen.[25]

5 Trends in der Automobilproduktion

5.1 Definitionen

Bezogen auf heutige Produktionsprozesse treten darüber hinaus Strukturen wie die Modularisierung von Fahrzeugkomponenten auf, die eine standardisierte Begriffsverwendung voraussetzen. Diese ist notwendig, um in den folgenden Abschnitten begriffliche Überschneidungen zu vermeiden.

Die European Association of Automotive Suppliers (CLEPA), die Japan Auto Parts Industry Association (JAPIA) und die Motor & Equipment Manufacturers Association (MEMA) einigten sich 1999 auf eine einheitliche Begriffsverwendung im Zusammenhang mit dem Zuliefererwesen in der Automobilindustrie.[26]

---

[25] Vgl. BMW Group; 2004; S. 1

[26] Vgl. ZfAW; 2000; S.22

Unter Systemen im Kraftfahrzeug werden Gruppen von Bauteilen und Komponenten im Fahrzeug verstanden, die zusammen für eine spezifische Fahrzeugfunktion zuständig sind. Ein Beispiel ist das Bremssystem, bei dem in modernen Kraftfahrzeugen neben den mechanischen Bauteilen, der Hydraulik und Elektronik auch die entsprechenden Fahrstabilitätssysteme wie das ABS zum Systemumfang gehören.

„Unter Systemen werden funktionale Einheiten verstanden, deren Elemente, das heißt Einzelteile oder Baugruppen, in Relation zueinander stehen, aber nicht unbedingt physisch zusammenhängen."[27]

Das ABS an sich steht beispielhaft für ein Subsystem, welches eine kleinere Kombination von Bauteilen und Komponenten darstellt. Dieses Subsystem ist im Ganzen wiederum integrativer Bestandteil eines Systems, im Falle ABS des Bremssystems.

Die Einzelbestandteile sind hierbei weder bei den Systemen als auch den Subsystemen zwangsläufig räumlich in einer Baueinheit vereint. Der Zusammenhang einzelner Bauteile und Komponenten bezieht sich in diesen Begriffen auf die spezifische Funktion, die sie im Fahrzeugbetrieb haben.

Der Begriff Modul beschreibt im Kraftfahrzeug eine Gruppe von Systemen, Subsystemen oder Teile von Komponenten, die eine räumlich verbundene Baueinheit darstellen und nach der Lieferung an den OEM verbaut werden können. Iffland versteht „unter Modulen [.] verbaupunktorientierte Liefereinheiten [.], die aus logistischer und produktionstechnischer Sicht sinnvolle Einheiten darstellen und geprüft in einem Vorgang in ein Fahrzeug eingebaut werden."[28]

5.2 Modularisierung

Die Systeme moderner Fahrzeuge gewinnen stetig an Komplexität hinsichtlich ihrer Anzahl und Interdependenz. Konnten nach den Prinzipien der Arbeitsteilung ein bedeutender Teil der Arbeiten in der Produktion bzw. Entwicklung der verschiedenen Systeme als Leistung bei Zulieferern eingekauft werden, so ergibt sich vor diesem Hintergrund ein neues Problem in der Lieferanten-Hersteller-Beziehung.

---

[27] Becker; Spöttl; 1999; S.43 nach: Iffland; 1997; S.132

[28] Becker; Spöttl; 1999; S.43 nach: Iffland; 1997; S.132

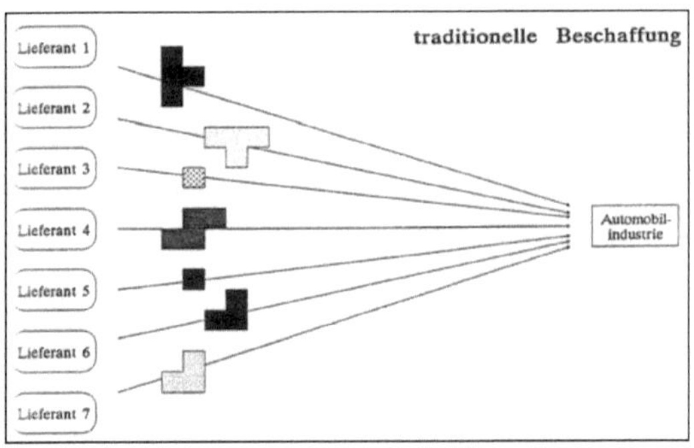

Abbildung 9: Traditionelle Beschaffung[29]

Die Betrachtung der traditionellen Beschaffungsstrukturen (Abbildung 9) zeigt folgenden Nachteil in dieser Art des Zulieferer-Hersteller-Verhältnisses auf. Sieht man die Menge der im Fahrzeug verbauten Systeme, Subsysteme oder Teile als an die Anzahl der Zulieferer gekoppelt an, so werden nach diesem Modell die organisatorischen und logistischen Maßnahmen in der Produktion, noch dazu vor dem Hintergrund der „Just-in-time"-Lieferungen womöglich an die Grenzen der Realisierung oder zumindest der Wirtschaftlichkeit stoßen. „Bei zunehmender Komplexität des Endprodukts ist eine disaggregierte Auftragsvergabe nicht mehr darstellbar, da die Zahl der Schnittstellen unbeherrschbar groß würde."[30]

Hieraus lässt sich der Trend zur Nutzung modularer Zulieferkonzepte bzw. dem „modular sourcing" ableiten. Bezogen auf das Beispiel der Zulieferkette für ein Armaturenbrett ausAbschnitt 4.2 ergibt sich folgendes Bild (siehe Abbildung 10):

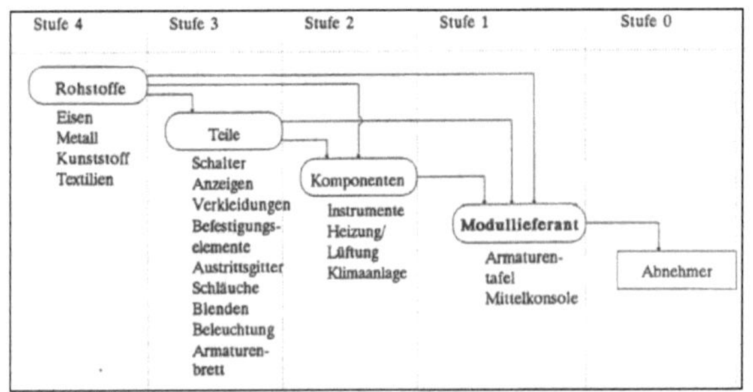

Abbildung 10: Zulieferkette für eine Armaturentafel bei modular sourcing[31]

---

[29] Quelle: Eicke v.; Femering, 1991, S.33

[30] Traudt; 1997; S.316

[31] Quelle: Eicke v.; Femering, 1991, S.35

Der Abnehmer bezieht die komplette Armaturentafel bzw. Mittelkonsole vom Modullieferanten oder „1st tier". Die Beschaffung der Rohstoffe, die Entwicklung und Produktion der Einzelkomponenten, deren Zusammenführung und Integration zum Modul übernehmen die Lieferanten und Sublieferanten. Die entstehende Hierarchie in der Zulieferkette wirkt sich neben der Koordination des Produktionsprozesses auch auf die Qualitätsverantwortung aus. Der Modullieferant muss dem Automobilhersteller letztlich für das gelieferte Modul die vereinbarten Attribute bezüglich Qualität und Funktionalität sowie Design sicherstellen können. Das kann folglich nur geschehen, wenn auch die unteren Stufen der Kette für ihre Erzeugnisse entsprechende Anforderungen erfüllen.

Der Automobilhersteller muss nicht mehr über die Kompetenz verfügen, Einzelkomponenten im Montageprozess zu verbauen. Stattdessen muss spätestens der Modullieferant diese Arbeit bezogen auf das Modul vollständig getätigt und überprüft haben. Ebenso verlagert sich die Verantwortung über die Auswahl der Lieferanten unterer Ebenen auf den Modullieferanten, so dass der Endabnehmer nur noch zu diesem Direktkontakte pflegt.

5.2.1 Modularisierungskonzepte – Beispiel BMW Roadster Z3

Am Beispiel des BMW Roadster Z3 soll die Umsetzung modularer Strukturen im Automobilbau aufgezeigt werden.

Zunächst ist die Unterteilung des Fahrzeugs in Baugruppen zu betrachten. Die Hauptgruppen bilden die Karosserie, die Elektrik/Elektronik, das Fahrwerk und der Antrieb.

Diese Einteilung vernachlässigt in dieser Form jedoch das Zusammenspiel der Komponenten bezüglich stofflicher, mechanischer und designorientierter Abstimmung. Zudem sind auf elektronischer und informationstechnischer Ebene die Bedürfnisse für den Fahrzeugbau zu beachten. Unter dem Schlagwort Schnittstellentechnologie bzw. datenbezogene Vernetzung von Systemen und Subsystemen ist eine wirkungstechnische Abstimmung der Bestandteile vonnöten.[32]

---

[32] Vgl. Traudt; 1997, S.317

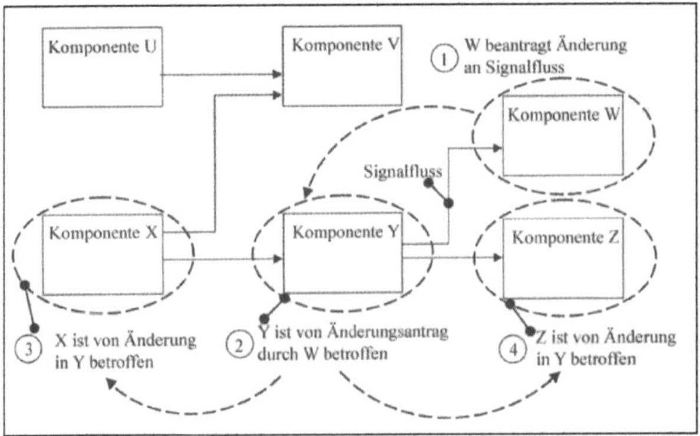

Abbildung 11: Auswirkungen von Änderungen an einer Komponente in einem System[33]

Abbildung 11 stellt die elektronischen bzw. informationstechnischen Interdependenzen von Komponenten in einem System schematisch und beispielhaft dar. Verallgemeinert auf die Zuliefererketten und Modullieferanten werden Einflussfaktoren deutlich, die bei der Konzeptionierung von Fahrzeugen mit Hilfe der modularen Bauweise beachtet werden müssen. Neben der Abstimmung der Sublieferanten untereinander bzw. der entsprechenden Koordination durch den Modullieferanten müssen sich auch die Modullieferanten untereinander bzw. mit dem Automobilhersteller abstimmen. Beim BMW Z3 ist der Verbau des Airbags in das Lenkrad beispielsweise Aufgabe des Lenkradlieferanten. Darüber hinaus muss auch eine Abstimmung mit den Lieferanten anderer Module und Komponenten für das passive Sicherheitssystem stattfinden.[34] Auf vergleichbare Art wurden über 90% der im Modell Z3 verbauten Neuteile zu 19 modularen Systemen zusammengefasst, deren Produktion von 18 Lieferanten übernommen wurde.[35]

---

[33] Quelle: Schäuffele; Zurawka; 2003; S.121

[34] Vgl. Traudt; 1997, S.317

[35] Vgl. Traudt; 1997, S.317

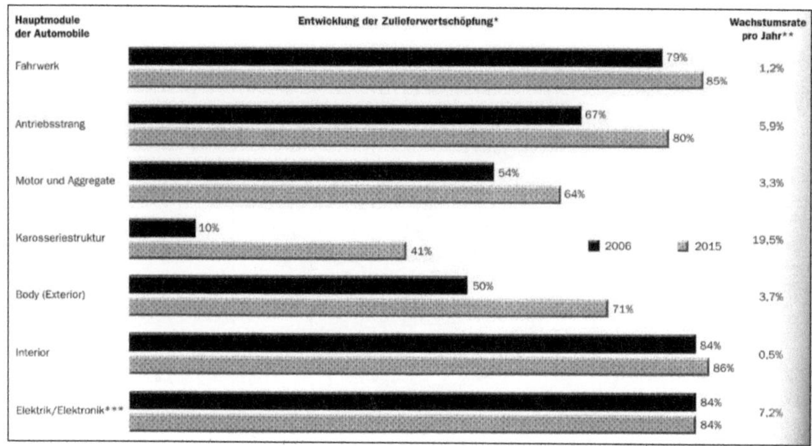

Abbildung 12: Entwicklung der Zulieferwertschöpfung nach Fahrzeugmodulen bis 2015 [36]

Die allgemeine Entwicklung der Zulieferwertschöpfung im Bereich der Hauptbaugruppen weist einen deutlichen Trend auf (siehe Abbildung 12). In den Bereichen Fahrwerk, Innenausstattung und Elektrik/ Elektronik lagen die Zulieferanteile schon 2006 bei rund 80%. Bezüglich aller Baugruppen wird jedoch ein Zuwachs prognostiziert, der besonders hinsichtlich der Zulieferstrukturen Änderungen nach sich zieht und ziehen wird.

5.2.2 Single- und Global-Sourcing

Die Anzahl der Zulieferer im Produktionsprozess für ein Automobil zu minimieren, war Ziel der Hersteller und unter anderem dieses Ziel führte zur verstärkten Umsetzung der Modularisierung. Der Begriff „single sourcing" beschreibt letztlich die Tendenz seitens der Hersteller, möglichst wenig Zulieferschnittstellen im Produktionsprozess zu integrieren. Um darüber hinaus die Preisvorteile des globalen Wettbewerbs nutzen zu können, erscheint die Globalisierung der Beschaffungsmärkte (global sourcing) als logischer Schritt.[37] Jedoch ist gerade die räumliche Nähe der Lieferanten zu den Endmontagestellen seitens der Endabnehmer oft ein erwünschtes Zuliefererattribut.[38] Diese Forderung kann im Zusammenhang mit den kürzeren und flexibleren Transportmöglichkeiten mit Hinsicht auf Just-in-time-Produktionen gebracht werden.

---

[36] Motor Presse Stuttgart; 2007; S.254 nach: Mercer Management Consulting

[37] Vgl. Eicke v.; Femering, 1991, S.8

[38] Vgl. Traudt; 1997; S.317

Das „single-sourcing" kann auch aus einer anderen Perspektive betrachtet werden. So ist zu beobachten, dass Modullieferanten immer komplexere Module anbieten.

Abbildung 13. "Frontend"-Modul für den BMW-Mini

Mit der Entwicklung von sogenannten Frontend-Modulen deckt beispielsweise das Zuliefer-Gemeinschaftsunternehmen HBPO, welches aus den Zulieferern Hella, Behr und Plastic Omnium zusammensetzt, die Systembereiche Kühlung, Beleuchtung, Passive Sicherheit und Design ab.

Angesichts der offenbar zunehmenden Modulkomplexität und gleichzeitiger Verlagerung der Entwicklung und Produktion, wird die Rolle der Zulieferer für die Automobilindustrie immer gewichtiger. Gleichzeitig ist die Bedeutung dieser Entwicklung für die vom entsprechenden technischen Know-How abhängigen Servicedienstleister in den Werkstätten zu betrachten (Abschnitt 6).

5.3   Das Gleichteilekonzept

Parallel zum oben beschriebenen Trend der Modularisierung ist eine weitere Entwicklungs-tendenz zu beobachten, die charakteristisch für die heutige Automobilproduktion ist.

Die Verwendung gleicher oder alter Teile bzw. Komponenten für mehrere Fahrzeugmodelle wurde schon in den 20er Jahren des letzten Jahrhunderts umgesetzt. Dies geschah, um in der Massenproduktion beispielsweise die Kosten für Großpresswerkzeuge für Karosserieteile zu senken.[39]

Mittlerweile findet sich dieses Konzept in weiten Teilen der Fahrzeuge verschiedenster Hersteller und Konzerne wieder. Die Vorteile liegen auf der Hand: „Die Verwendung

---

[39] Vgl. Clark; Fujimoto; 1992; S.149

vorhandener Schubladenteile verteilt die Fixkosten von Entwicklung und Fertigung auf mehrere Modelle."[40] Fahrzeugteile dieser Art besitzen zudem aufgrund der verbreiteten Verwendung einen relativ hohen Grad an Zuverlässigkeit. Zudem kann die Entwicklungszeit von Fahrzeugen gesenkt werden. Diese Vorteile können auch von den Zulieferern genutzt werden, da eine längerfristige umfangreichere Produktion bestimmter Komponenten oder auch Module umgesetzt werden kann.

Neben den Vorteilen ergeben sich jedoch auch Nachteile bei dieser Produktionsstrategie. Bezüglich modellspezifischer Charakteristika beispielsweise in Design, Fahrverhalten oder Funktionsumfang ergeben sich bei der modellübergreifenden Verwendung von Komponenten zwangsläufig Kompromisse, die für das gesamte Fahrzeug bzw. für die betroffenen Fahrzeugsysteme eine suboptimale Lösung bedeuten können.

Betrachtet man die Einbindung von Komponenten in das gesamte Wirkungsschema eines Fahrzeuges so können Einsparungen durch die Verwendung von Gleichteilen schließlich auch wieder aufgebraucht werden, wenn hierdurch aufwendige Anpassungen anderer Komponenten notwendig werden (vgl. Abschnitt 5.2.1).

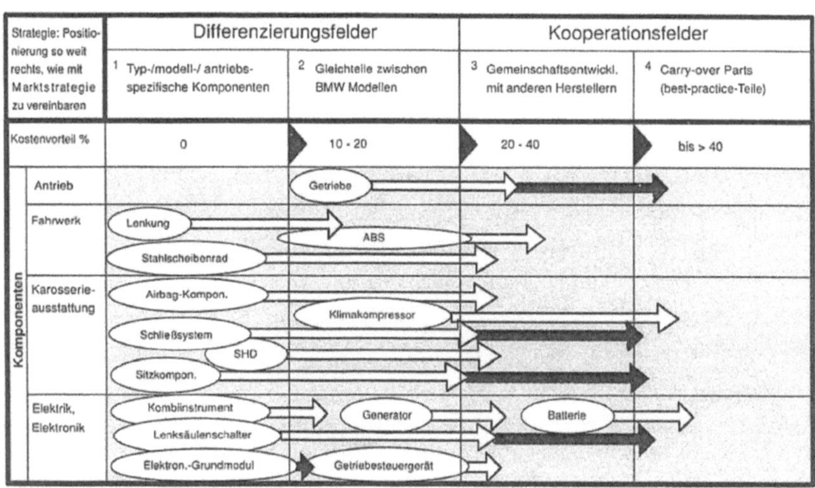

Abbildung 14: BMW Gleichteilekonzept (Prinzipdarstellung) [41]

---

[40] Vgl. Clark; Fujimoto; 1992; S.150

[41] Quelle: Traudt; 1997; S.318

Das Gleichteilekonzept bzw. „Carry-over-Konzept" von BMW unterscheidet beispielsweise vier Typen von Carry-over-Teilen[42]

1. BMW spezifisch gleiche Teile für mehrere Modelle oder Baureihen („Gleichteile")
2. Gemeinsam mit Rover verwendete Gleichteile („Konzernteile")
3. Gemeinsam mit Wettbewerbern entwickelte Komponenten („Kooperationsteile")
4. Vom Markt übernommene Teile („Best-Practice-Teile")

Gerade die Teile der Kategorien 3 und 4 bedeuten einen großen Kostenvorteil (siehe auch Abbildung 14). Doch die Hersteller müssen bezüglich der vom Kunden erwünschten Produktindividualität hinsichtlich der Fahrzeugmarke und des Modells darauf bedacht sein, den Kostenvorteil möglichst in Bereichen zu erzielen, die für die Produktdifferenzierung nicht ausschlaggebend sind. Die Außenkarosserie ist ein Beispiel für einen Bereich des Fahrzeugs, der sich modellübergreifend nur begrenzt eignet. Für marken- oder konzernübergreifende Gleichteilekonzepte wurden jedoch auch im Bereich der Karosserie entsprechende Lösungen entwickelt.[43] Der für den Kunden jedoch nicht „sichtbare" Bereich, beispielsweise Antriebsstrang oder elektronische Komponenten eignen sich diesbezüglich dagegen gut für eine Gleichteilestrategie.

Das Gleichteilekonzept, die Modularisierung und die Auslagerung von Entwicklung und Fertigung an Zulieferbetriebe führt zur Frage, wer letztlich über welches Know-How im Fahrzeugbau verfügt. Ist der Automobilhersteller in der Lage, das notwendige Wissen für den Kundenservice bereitzustellen oder sind es die Zulieferer, die diese Aufgabe übernehmen werden?

6   Die Folgen für den Reparatursektor

6.1   Die Know-How-Verlagerung

Der Rückgang der Fertigungstiefe bei den Herstellern durch die Auslagerung entsprechender Produktionskapazitäten in die Zulieferindustrie wird durch die Korrelation von Fertigungs- und Entwicklungstiefe zu einer entscheidenden Einflussgröße für den Kfz-Service in Werkstätten.

---

[42] Vgl. : Traudt; 1997; S.318

[43] Vgl. Clark; Fujimoto; 1992; S.151

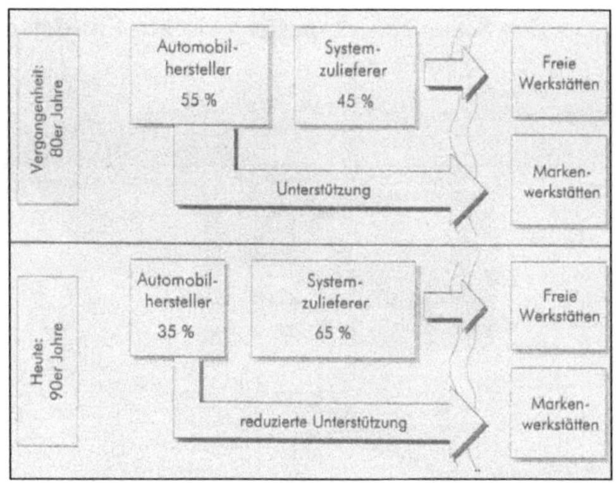

Abbildung 15: Veränderte Balance im kritischen Know-How zwischen Hersteller und Zulieferer [44]

Mag das Entwicklungs- und Fertigungswissen des einzelnen Lieferanten in Relation zum Gesamtsystem des Fahrzeugs klein erscheinen, so zeigt das Beispiel des Kozeptautos „aXcess australia", dass das technische Know-How der Zulieferer in der Summe durchaus genügt, um zumindest ein komplettes Fahrzeug zu entwickeln.[45]

Der Zulieferer unterscheidet sich letztlich nur noch durch das fehlende „kritische Know-How" von der Know-How-Stufe eines Automobilherstellers. Dieses beinhaltet Wissensbereiche, die einen bestimmten Grad an Entwicklungsfähigkeit und individuellen Marktvorsprung sichern.[46] Eine Quantifizierung dieses Know-Hows und die damit verbundene Möglichkeit zur Einschätzung der maximalen Verschiebung des Wissensanteils zu den Lieferanten erscheint deshalb schwierig, da die Auslagerung von Entwicklungs- und Fertigungsprozessen mit einem gleichzeitig stetigen technologischen und ökonomischen Wandlungsprozess verbunden ist.

---

[44] Quelle. Becker; Spöttl, 1999; S.46

[45] Vgl. Becker, Micknass, Spöttl; 1999; S.28

[46] Vgl. Becker, Micknass, Spöttl; 1999; S.29

6.2 Anforderungen an den Know-How-Transfer zwischen Entwicklern und Werkstätten

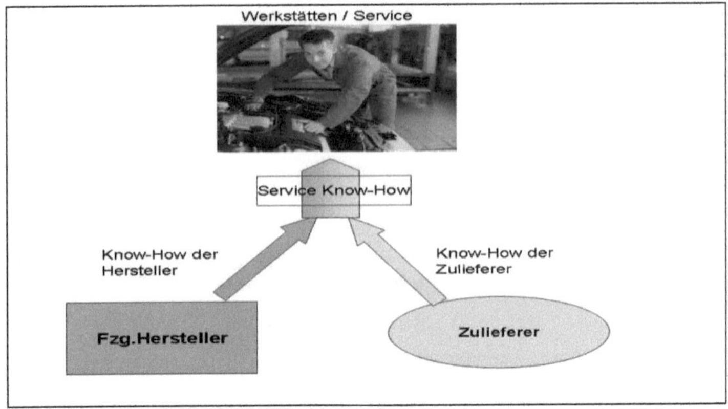

Abbildung 16: Idealisierte Dreiecksbeziehung Hersteller, Zulieferer, Werkstätten

Eine idealisierte und reduzierte Form des Informationsflusses zwischen Automobilhersteller, Zulieferern und Werkstätten ist in Abbildung 16 dargestellt. Das von den Werkstätten benötigte Know-How ist jedoch mit dem quasi unaufbereiteten fertigungsoptimierten Wissen der Hersteller und Zulieferer nicht identisch.

Die Anforderungen für Service-Informationen sind unter anderem

- der kostengünstige Zugang,

- möglichst wenige Beschaffungsschnittstellen,

- werkstattgerechte Aufbereitung (z.B. Bedienbarkeit, Tiefgang),

- Einheitlichkeit bezogen auf die Medien, notwendige Servicegeräte etc.,

- Vollständigkeit bezogen auf marken- oder modellspezifische Daten, sowie

- problemorientierte Hilfestellungen[47].

Zur Erstellung entsprechender Serviceinformationen für die Werkstätten sind dementsprechende Kompetenzen nötig, die entweder direkt bei den Know-How-Quellen oder beispielsweise darauf spezialisierten Dienstleistern vorhanden sein müssen. Je mehr Akteure bei der Entwicklung und Fertigung von Fahrzeugteilen, -systemen oder –modulen beteiligt sind, desto schwieriger erscheint es, diesen Anforderungen gerecht zu werden. Die

---

[47] Vgl. Becker, Micknass, Spöttl; 1999; S.31

Herausforderung bezüglich des Service-Know-Hows besteht also vornehmlich in der koordinierten Erfassung, Bündelung, Aufbereitung und Weitergabe von Informationen. Nur so kann ein höherer Grad an Reparaturtiefe in den Werkstätten geleistet werden.

6.3 Neue Herausforderungen für freie Werkstätten

Zwar sind aufgrund der Konzernstrukturen mit unterschiedlichen Fahrzeugmarken und dem wachsenden Gebrauchtwagensegment auch markengebundene Werkstätten auf Informationen über verschiedene Markenmodelle angewiesen, jedoch sind es gerade die freien Werkstätten, die besonders auf vielseitige Informationen angewiesen sind, um neben relativ oberflächlichen Tätigkeiten, wie Wartungs- und Intervallarbeiten, auch tiefergehende Reparaturen an einem möglichst breiten Spektrum von Fahrzeugen durchführen zu können.

Zwar müssen die Fahrzeughersteller nach der Gruppenfreistellungsverordnung freien Werkstätten alle benötigten Reparaturinformationen zur Verfügung stellen, um Fahrzeuge zu warten und zu reparieren, jedoch erscheint dies nur als Teillösung, da die oben genannten Probleme hinsichtlich des Aufwandes, der sich mit der Informationsbeschaffung für die freien Werkstätten ergibt, nicht befriedigend aufgegriffen wurden.

„Dieser Zugang muss u. a. die uneingeschränkte Nutzung der elektronischen Kontroll- und Diagnosesysteme eines Kraftfahrzeugs, deren Programmierung gemäß den Standardverfahren des Lieferanten, die Instandsetzungs- und Wartungsanleitungen und die für die Nutzung von Diagnose- und Wartungsgeräten sowie sonstiger Ausrüstung erforderlichen Informationen einschließen.
Unabhängigen Marktbeteiligten ist dieser Zugang unverzüglich in nicht diskriminierender und verhältnismäßiger Form zu gewähren, und die Angaben müssen verwendungsfähig sein. "[48]

Die Attribute „nicht diskriminierend" und „verhältnismäßig" konkretisieren die Form der Umsetzung des in der Gruppenfreistellungsverordnung geforderten Informationstransfers nur eingeschränkt.
Entsprechende Informationsportale verschiedener Hersteller im Internet sind, von ihrer unterschiedlichen Bedienung einmal abgesehen, mit entsprechenden Kosten verbunden[49], die

---

[48] Vgl. Kommission der Europäischen Gemeinschaften; Verordnung (EG) 1400/2002; Art.4, Abs.2

sich in der Kalkulation freier Werkstätten unter anderem deshalb schwer integrieren lassen, da diese Portale markengebunden sind. Es ist gerade ein charakteristisches Merkmal freier Werkstätten, ein möglichst weites Feld an Automarken mit ihrem Service abdecken zu können. Es ist also schwer vorauszusehen, wie oft welches Fahrzeugmodell eines Herstellers in der Werkstatt stehen wird.

Eine Reaktion auf die oben dargestellte Problematik der Informationsdarstellung kann die Verordnung Nr. 715/ 2007 des Europäischen Parlaments angesehen werden. Hierin wird die Bereitstellung entsprechender Informationen zur Reparatur und Wartung im OASIS Format gefordert, welche mit dem 3. Januar 2009 aufgenommen werden soll.[50] Diese Information sind neben dem Format auch inhaltlich differenziert worden. So sollen die Informationen folgende Inhalte umfassen:

- die eindeutige Identifizierung des Fahrzeugs,
- Servicehandbücher,
- technische Anleitungen,
- Informationen über Bauteile und Diagnose (z. B. untere und obere Grenzwerte für Messungen),
- Schaltpläne,
- die Fehlercodes des Diagnosesystems (einschließlich herstellerspezifischer Codes),
- die für den Fahrzeugtyp geltende Kennnummer der Softwarekalibrierung,
- Information über Spezialwerkzeuge und -geräte und mithilfe herstellerspezifischer Einrichtungen übermittelte Information und
- Information über Datenspeicherung und bidirektionale Kontroll- und Prüfdaten.[51]

Die Verordnung 715/2007 macht deutlich, dass der Wettbewerb in der Automobilbranche und der damit verbundenen Servicelandschaft unter kartellrechtlichen Bedingungen nur aufrecht erhalten werden kann, wenn entsprechende Anforderungen an die Hersteller oder auch Zulieferer als Know-How-Inhaber klar definiert werden.

---

[49] Beispiel VW-Portal „erWin“:

(https://erwin.volkswagen.de/erwin/showHome.do;jsessionid=5E45C5B8E482E15F22B814BB32ECB4C7.AST PVWE1), jährliche Kosten rund 3000 Euro.

[50] Vgl. Kommission der Europäischen Gemeinschaften; Verordnung (EG) 715/2007; Art.6, Abs.1, sowie Art 18, Abs.2

[51] Vgl. Kommission der Europäischen Gemeinschaften; Verordnung (EG) 715/2007; Art.6, Abs.2

Mit dem Auslaufen der Verordnung über die GVO im Mai 2010 ergibt sich die
Herausforderung, entweder über eine Fortführung oder Verschärfung der Bedingungen für
eine Freistellung von den Wettbewerbsregeln der Europäischen Gemeinschaften zu
entscheiden. Es wird sich zeigen, inwiefern die Umsetzung des Informationstransfers,
beispielsweise in Form der Standardisierung im OASIS- Format zur Aufrechterhaltung fairer
Wettbewerbschancen der freien Werkstätten beitragen kann. Nicht zu vernachlässigen ist
jedoch die Tatsache, dass entsprechende Veränderungen gegebenenfalls unter neuen
Voraussetzungen hinsichtlich der technologischen Weiterentwicklung sowohl bezogen auf die
Fahrzeuge als auch die Informationsplattformen bzw. -medien stattfinden müssen.

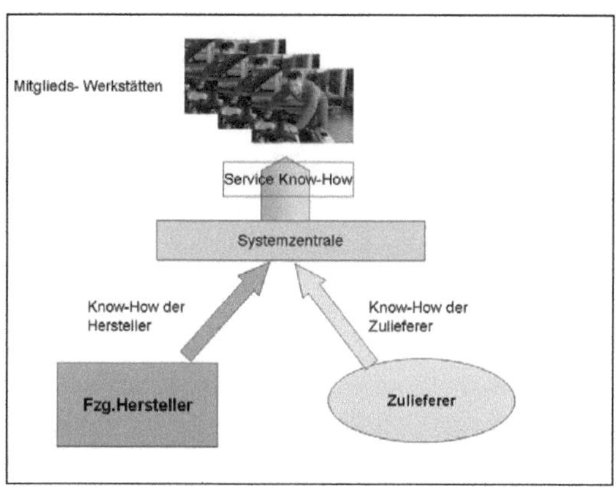

Abbildung 17: Allgemeine Zielsetzung von Werkstattsystemen

Eine weitere Reaktion auf das Missverhältnis von benötigter und verfügbarer- oder besser:
brauchbarer- Service-Informationen im Bereich der freien Werkstätten ist der
Zusammenschluss freier Werkstätten zu Reparaturketten wie Auto-Dienst oder Automeister.
Im Prinzip sollen die Zentralen dieser Unterstützungskonzeptanbieter den angeschlossenen
Werkstätten eben diese Informationen zuführen. Kritik wird jedoch an der Qualität dieser
Dienstleistung geübt, da „es sich in der Realität jedoch um nicht mehr als schlecht
aufbereitete allgemeine Informationen, die keinen Nutzen für die Werkstätten bedeuten",
handelt.[52]

---

[52] Vgl. Becker, Micknass, Spöttl; 1999; S.30

Deutlich wird jedoch, dass die Rolle als Schnittstelle zwischen den Know-How-Trägern und dem Kfz-Service als Dienstleistungsnische erkannt wurde. Entscheidende Schritte sind jedoch noch besonders hinsichtlich der Qualität des bereitgestellten Service-Know-Hows zu tätigen.

7 Fazit

Die Entwicklungs- und Produktionskompetenz, die für die Herstellung von modernen Kraftfahrzeugen notwendig ist, steigt stetig. Neue Produktionsprogramme- und strukturen sind aus den Anstrengungen der Automobilhersteller, ihre Position am Markt zu behaupten oder sich neu zu positionieren, hervorgegangen. Ergebnisse sind beispielsweise die vermehrte unternehmensübergreifende Arbeitsteilung und die wachsende Zulieferbranche. Auch diese Lösungen sind von Veränderungen und Umstrukturierungen betroffen, wie der Trend zum modular-sourcing beweist.

Es ergeben sich hieraus Auswirkungen auf den Kfz-Service, welcher nicht nur einen komplexeren Informationsbedarf zur Wartung der modernen Kraftfahrzeuge hat, sondern auch auf die diesbezügliche Kooperation mit einer zunehmenden Zahl von Know-How-Trägern angewiesen ist.

Der Maxime der Wirtschaftlichkeit und der damit verbundenen Kundenzufriedenheit folgend, erscheint es unumgänglich, diesen Informationsfluss an die veränderten Rahmenbedingungen anzupassen, um einen Kfz-Service, der der Reparaturkultur unserer Gesellschaft entspricht, aufrecht zu erhalten. Die Alternative wäre eine dominierend niedrige Reparaturtiefe und eine Reparaturphilosophie des reinen Teiletauschs. Leittragende wären in diesem Falle die Werkstätten, die aufgrund entsprechend niedriger Arbeitsanteile in solchen Vorgängen letztlich überwiegend durch den Materialverkauf Gewinn erwirtschaften können.

Daneben führt der Trend zu immer komplexeren Fahrzeugmodulen in diesem Fall unter Umständen zu erhöhten und aus Kundensicht kaum transparenten Servicekosten.

Überspitzt gesagt: Welcher Kunde würde schon akzeptieren, wenn ihm aufgrund eines defekten Kühlergrills gleich das gesamte Frontendmodul erneuert würde, weil die Werkstatt nicht in der Lage war, entsprechende Einzelteile zu beschaffen oder Reparaturpläne zu nutzen?

8 Literatur

„Automobilproduktion"; Homepage: http://www.automobil-produktion.de (Stand: 19.03.2008)

Becker, M.; Micknass, W.; Spöttl, G.: Wo bleibt das Know-How für den Service? Die rolle der Teilehersteller als Dienstleister für freie Kfz-Betriebe. In: Fachmagazin: „Autowirtschaft"; Heft 13/14; Bad Wörishofen; 1999, S. 28-33

Becker, M.; Spöttl, G.: „Implikationen für den Kfz-Service durch Know-How_Verlagerungen in der Automobilindustrie"; in: Zeitschrift für die gesamte Wertschöpfungskette Automobilwirtschaft (ZfAW); Bamberg; Heft 3/99; 1999; S.42-51

Beger, R.:"Sechs Jahre nach „The Machine That Changed the World": Wo steht die Automobilindustrie heute?"; in: Zeitschrift für die gesamte Wertschöpfungskette Automobilwirtschaft (ZfAW); Bamberg; Heft 0/98; 1998; S.21-41

Beinke, T.: „Modul-Engineering durch Lernen von und mit Kooperationen"; in: VDI-Gesellschaft fahrzeug- und Verkehrstechnik, a.a.O.; 1997; S. 57-67

BMW Group: „Das BMW Group Forschungs- und Innovationsnetzwerk. Von der Idee zur Innovation in einer kreativen, vernetzten Arbeitswelt."; München; 2004

Clark, K. B., Fujimoto, T.: „Automobilentwicklung mit System: Strategie, Organisation und Management in Europa, Japan und USA"; Frankfurt/Main, New York; 1992

Eicke, H v.; Femerling, C.: „modular sourcing – Ein Konzept zur Neugestaltung der Beschaffungslogistik"; München; 1991

Eicke, H v.; Femerling, C.: „Einkaufsstrategien der Zukunft"; in: Automobilproduktion, o. Jg., 6/ 1991. S. 12-18

Kommission der Europäischen Gemeinschaften: „Verordnung (EG) Nr. 1400/ 2002 über die Anwendung von Artikel 81 Absatz 3 des Vertrags auf Gruppen von vertikalen Vereinbarungen und aufeinander abgestimmten Verhaltensweisen im Kraftfahrzeugsektor vom 31.07.2002"; Brüssel; 2002

Kommission der Europäischen Gemeinschaften: Verordnung (EG) Nr. 715/2007 über die Typgenehmigung von Kraftfahrzeugen hinsichtlich der Emissionen von leichten Personenkraftwagen und Nutzfahrzeugen (Euro 5 und Euro 6) und über den Zugang zu Reparatur- und Wartungsinformationen für Fahrzeuge vom 20.06.2007"; Brüssel; 2007

Filip-Koehn: Wochenbericht des DIW, Nr *06/98, Berlin, 1998*

Frank, I.; Zimmermann, H.: „Abnehmer-/ Zuliefererbeziehungen im Wandel – Enwicklungstendenzen und Qualifikationsanforderungen" in: Bundesinstitut für Berufsbildung: Zeitschrift „Berufsbildung in Wissenschaft und Praxis" Ausgabe 27/1998/2; S.34- 40

Hamburger Abendblatt: "Der deutsche Automarkt erholt sich", Hamburg, 09.01.2006

HBPO-Homepage: http://www.hbpogroup.com/cps/rde/xchg/SID-0A084B28-A8703CCA/hbpo/hs.xsl/9.html (Stand: 21.03.2008)

Heftrich, F.: „Moderne F&E-Zusammenarbeiten in der Automobilindustrie -Organisation und Instrumente"; Dissertationsschrift; Siegen; 2000

Iffland,H.: „Innovationsmanagement und Globalisierung – Der Einkauf im Wandel, in: Meinig,W.; Mallad,H. (Hrsg.): Strukturwandel mitgestalten!, Rahmenbedingungen und zukunftsperspektiven für Automobilhersteller, Importeure, Zulieferer und Handel; Bamberg; 1997, S.119-144

PricewaterhouseCoopers: „Kostenmanagement in der Automobilindustrie Bestandsaufnahme und Zukunftspotenziale"; Frankfurt am Main; 2007

Schäuffele, J; Zurawka, T.: „Automotive Software Engineering – Grundlagen, Prozesse, Methoden und Werkzeuge"; Wiesbaden; 2003

Snowdon, M: "Building Capabilities with Strategic Alliances: A Practical Guide", in Economist Intelligence Unit, European Motor Business Nr. 17, London,1991

Spiegel Online. Interview mit Bosch Vorstand Fehrenbach: „In Wirklichkeit bewegt sich wenig!" vom 09.06.2005; http://www.spiegel.de/wirtschaft/0,1518,druck-358711,00.html (Stand: 20.03.2008)

Traudt, H.G.: „Zuliefermanagement unter Kostenaspekten", in: USW Schriftenreihe „Kostenmanagement"; Artikel 21; Stuttgart; 1997, S.308-325

VDA- Verband der Automobilindustrie Homepage: http://www.vda.de (Stand: 18.03.2008)

Zäpfel, G.: „Strategisches Produktions-Management; Berlin u.a.; 1989

Zeitschrift für die gesamte Wertschöpfungskette Automobilwirtschaft (ZfAW): „Standardised Therminology and Supplier Classification"; Heft 01/2000 Bamberg; 2000; S.22